Design Wisdom in
Small Space
小空间设计系列 III

COFFEE SHOP
咖啡店

陈兰 编

辽宁科学技术出版社
·沈阳·

1

咖啡店设计与场地环境

咖啡，不再是文艺青年或精英阶层才玩得起的生活奢侈品，喝咖啡已经成为一种社会现象。在咖啡店里拍照打卡、读书思考、码字工作或洽谈生意……已经成为一种真实存在的生活方式。

咖啡消费的兴起、咖啡文化的流行，与咖啡店越来越注重设计不无关系——它们承载着店主和设计师对生活、人文和艺术的用心理解，通过精巧的设计，增强室内空间与周围环境的联系，从而形成一处更大的共融风景。

或许，我们可以尝试将咖啡店当作一种建筑类型来看待，因为它正重塑着

城市的公共空间，也反映出城市的气质。学者诺伯·舒兹在《场所精神——迈向建筑现象学》中说道："建筑意味着把一个场所转变成具有特定性格和意义的场所。设计就是造就场所。换句话说，场所是有清晰特性的空间，人必须要能体验到环境是充满意义的。"（图1）

位于老城区内的咖啡店，实现新旧融合或对立共生

在城市快速化发展的进程中，很多具有良好地理位置的老城空间或被闲置，或被遗弃。如何通过旧建筑改造来激活这类被遗忘的空间，同时延续地方

生活与文化的认同感是一个当前较为流行的话题。（图2）

毗邻街道和广场等城市公共空间的咖啡店，巧妙利用周围环境，相互促进

毗邻城市公共空间（比如街道和广场）的咖啡店，往往会巧妙地利用城市里面本就存在的自然和人文元素，丰富其自身的体验；反过来看，它们也加强了室外空间的魅力，让行走在城市中的人发现更多美妙的场景。近年来，越来越多的店主和设计师都意识到这一点，这也成为一种重要的设计趋势。（图3）

图1

图2

图3

选址于成熟商业区或生活区内的咖啡店，打破环境限制，挑战新型经营模式

既定的商业区或成熟的生活区内往往拥有固有的环境模式，如何在遵守相关规则的前提下突破环境的限制，是设计过程中面临的主要问题。保留缺陷，又能够以独特的方式将其完美呈现，也许是每个咖啡店店主和设计师追求的终极目标。（图4）

图4

"坐在长凳上的人，围在吧台旁的人，在达利的房间里拍照的人，站在阳台上的人，他们喜欢这里的角角落落，但他们不会知道'城市阳台'和这背后艰难的思考。空间成为一种隐喻，与这背后相通的是永恒的生活。"

the others 特调咖啡店

项目地点：

中国上海市静安区康定路 849 号

设计年份：

2021 年

设计机构：

Mur Mur Lab 工作室

设计团队：

夏慕蓉（主创）、李智（主创）、郑琴、
庄少凯、徐文轩

摄影版权：

WDi

康定路是上海市静安区内的一条老街，在 20 世纪二三十年代，以遍布其间的弄堂小厂闻名。如今这些弄堂小厂已经逐渐外迁，但繁华市井的商业氛围保留了下来。the others 的场地很奇特，是沿街的窄长条两开间。较宽的一条开间有 3 米，较窄的仅有 1.5 米。受限于老房子的砖混结构，它们仅在末端由一个门洞相连。

对于这个奇特的场地，"阳台"是设计师找到的城市参照物。

"阳台"，往往处于最私密处，是流线的尽端；但又因对外敞开，在体验上具有很强的公共性。在疫情期间，因为居家隔离无法外出，"阳台"就成了新的城市公共社交场所。意大利人还举办了有趣的"阳台音乐会"。私密和公共并置的"城市阳台"，是设计师对场地的第一感受。

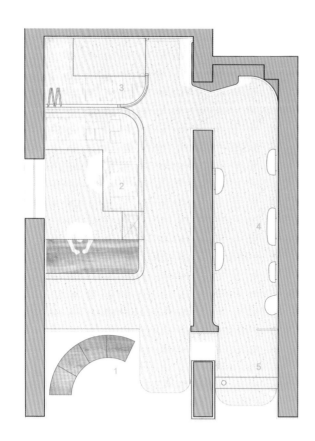

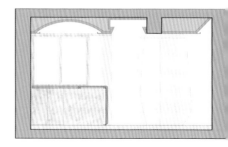

剖面图

平面图
1. 室外座位区
2. 吧台区
3. 操作间
4. 达利的房间
5. 阳台

面对并列的长条形空间，从较宽的一侧进入，穿过尽头的洞口，再回身绕到较窄侧端头的户外。在此处，繁华的城市在面前铺陈展开，但抬高的地面和压低的屋顶又限定住你，好像与环境疏离开，身处其外。一块黑色扁钢，既是扶手，也是桌面。虽仍在一层，但跃于城市之上。在体验上，这里就是一处迷人的"城市阳台"。

"建筑师的职责是使宁静成为家中常客。"达利的房间是一种隐喻。有谁会不喜欢直戳内心又永恒经典的事物？艺术家的智慧正在于此。不管是流淌的时钟还是静止的当下，都留给进入者一个留白的空间进行想象。

《记忆的永恒》是使人印象深刻的达利名画。在那一刻时间以钟表作为符号，好像静止成了雕塑，也成了镜子，成了桌板，成了一个房间。

在一个日常的午后，希望你可以走进这里，站在阳台上，简简单单地喝一杯。

"DOT. 咖啡店的每一位顾客，就像明亮的拼图中的一个像素，构成了
这个每天充满活力、情感和咖啡的大城市。"

$30.6m^2$

DOT. 咖啡店 1 号店

项目地点：

乌克兰基辅市贝希那街 1 号

设计年份：

2021 年

设计机构：

YOD 集团、PRAVDA 设计工作室

摄影版权：

安德烈·贝祖格洛夫

这家咖啡店位于基辅市中心一条与贝萨拉布斯卡广场（Bessarabska Square）接壤的街道上。这是一个充满活力的地方，基辅都市生活的不同层面在这里交汇。在阳光明媚的日子里，你会看到果汁卖家们匆忙赶往基辅最大的贝萨拉布斯卡广场，而白领们奔向附近闪亮的办公大楼。白天，在这里不仅可以看到许多外国人在闲逛，还可以看到一些文艺青年在拐角处的现代艺术博物馆排队。傍晚，这里有聚会的地方，供各种各样的人举办活动。咖啡店的室内是现代城市生活的体现。它兼收并蓄，节奏柔和，充满都市的气息。

凭借透明的外立面，这家咖啡店成了
城市的一部分。这里没有一般意义上
的门，设计师用玻璃滑动门取代了普
通的门，让城市的能量渗透进来。外
立面完全开放，以强调咖啡店的热情
好客。你离一杯美味的咖啡只有几步
的距离。

设计重点是墙上的马赛克像素艺术，将"点"作为主题，像素代表每个图像的起点。设计师故意选择不在这幅画中传达任何隐藏的信息，而是创造了一些怪异的、真诚的、普遍的东西。咖啡店中的图形设计表达的是纯粹的情感。

咖啡店内的楼梯和部分墙面覆盖着带有像素艺术元素的白色马赛克瓷砖。其他的墙壁则裸露出砖块，强调了这栋 1900 年修建的建筑物的价值。店内举架高度为 4.75 米。设计师意图创造一个充满光线的高空间，因此从一开始就放弃了建造夹层来增加座位的想法。

平面图
1. 室外座位区
2. 吧台
3. 室内座位区
4. 卫生间

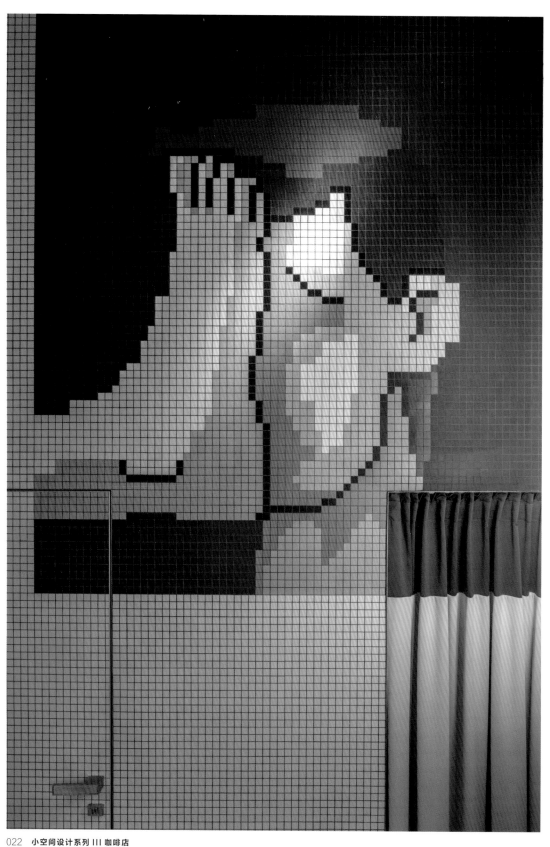

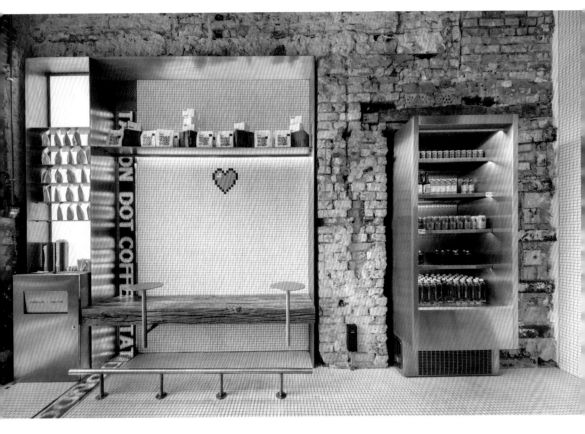

室内设有可以显示滚动文字的窄屏幕。屏幕为室内带来动感，设定了节奏。这就像肾上腺素在刚喝了一杯双份浓缩咖啡的人的血管中流动一样。

这里有一个凹室，有两张小桌，一条长凳，可以坐几位客人。座位区有巨大的长凳，旁边是咖啡店旁的建筑立面。长凳和柜台上的木材都是旧横梁，很久以前曾是某个谷仓的构件。这些木材经历了时间的洗礼，仿佛在讲述自己的故事，与由不锈钢制成的冰冷元素形成完美对比。

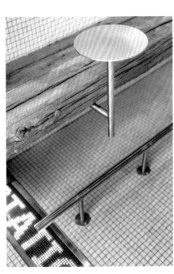

"在弯曲的长椅上，喝着咖啡，惬意地等待孩子回来。愿这家咖啡店能够悄无声息地融入此社区中，成为人们日常生活中的一部分。"

51m²

聚福零陵北路店

项目地点：

中国上海市徐汇区零陵北路 23 号

设计年份：

2020 年

设计机构：

一岸建筑

摄影版权：

亚历山大·王

选址位于居住区高楼林立的一角，是公寓的底层沿街商铺。隔着一条马路，店铺的正对面是一所小学。上下学的时候，路上挤满了孩子和接送他们的家长。因此，设计师决定打造一个社区居民和父母都能随性进入的书报亭式咖啡店。于是在室内的正中央安置了吧台，并且打开外立面上的折叠窗，让室内空间向街道开放。

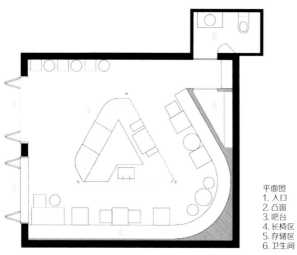

平面图
1. 入口
2. 凸窗
3. 吧台
4. 长椅区
5. 存储区
6. 卫生间

场地图

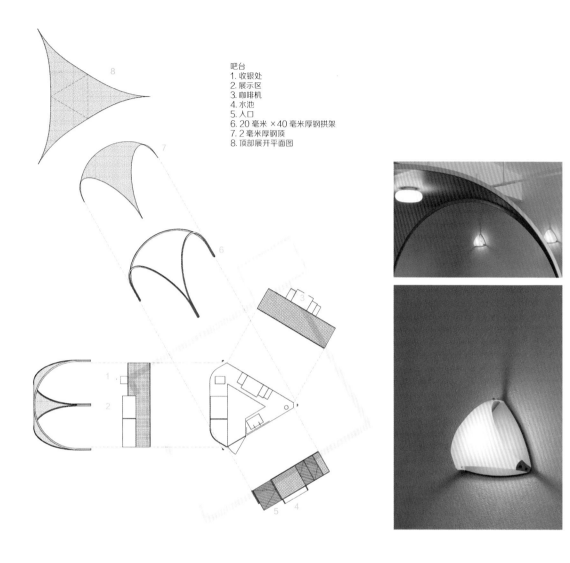

吧台
1. 收银处
2. 展示区
3. 咖啡机
4. 水池
5. 入口
6. 20 毫米 ×40 毫米厚钢拱架
7. 2 毫米厚钢顶
8. 顶部展开平面图

经过几次商讨，设计师与运营负责人最终确定了这个边长 3.6 米的三角形吧台。考虑到一位店员需要在这有限的空间内高效地工作，于是给吧台的 3 个面分别赋予了不同的功能。吧台的上方是用钢板做的拱形圆顶，远远地就能够一眼看见。将底部吧台与上方拱顶从结构上分离，使拱状圆顶的形状更加纯粹，同时，简化了施工。拱顶借鉴了对面的小学外墙，刷上了珊瑚色，给人以亲切和熟悉感。墙上安装了书报亭样式的自制壁灯。

吧台周边的墙壁上镶嵌着沿水平方向延伸的木板。设计师借鉴了原本建筑外墙上的水平线，将其引入室内，并运用在长椅的靠背、放置菜单的凹槽、门的把手上。此外，沿着这条线，在入口处的墙壁上安装了镜子，将室外的街景投射在墙面上。这些背景招揽着人们从室外走进室内，沿着长椅直至室内尽头的卫生间。

"设计师试图用强烈的造型语言打破原社区的平静，对原来的市井状态制造一次冲突，展示工业革命对原本平静的人类发展历程造成的巨大冲击和引发的强力快进。这是设计师对当下青年社交状态的一次探索，并试图通过空间形态表达个性与意志。"

香蕉咖啡

项目地点：

中国杭州市上城区清江路 175-6 号

设计年份：

2020 年

设计机构：

MAS 芒果建筑设计

设计团队：

樊想（主创）、王訾依、王佳鹏、
魏星、王泰骋

摄影版权：

一张（灵狮）

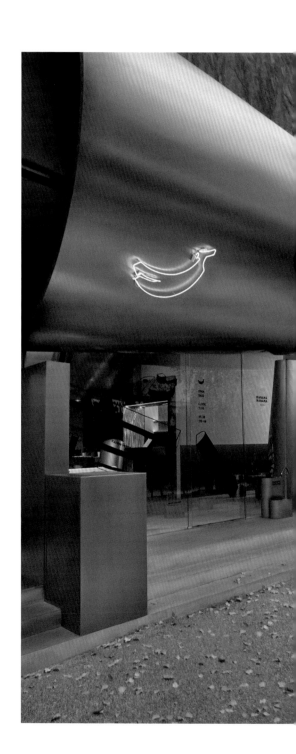

香蕉咖啡位于浙江杭州钱江新城核心区块附近的老旧社区之中，这个社区看起来普通、拥挤，充满了市井气息。该项目的面积为 60 平方米，设计强调"动静分合"的概念，即 5 片曲面钢板以动态方式插入建筑内部，并模糊室外与室内的边界。设计师将其设想为坠落的飞机残骸，旨在打破原本固化的社区生活状态。它们以解构、支离的方式存在，成为整个设计的核心视觉点。座位区围绕它们进行布局，每个顾客在品尝咖啡的同时，可以通过不同角度关注到艺术装置的不同形态，从而保持视觉互动。

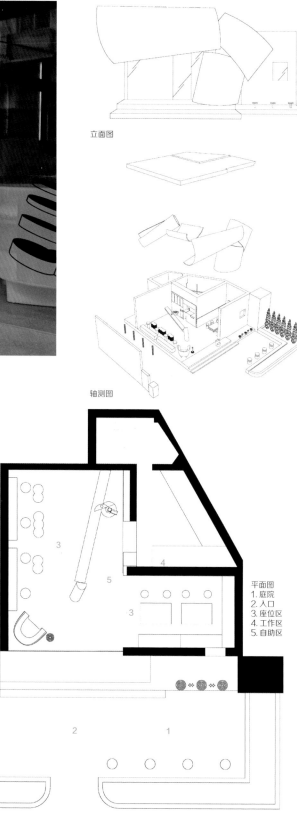

立面图

轴测图

平面图
1. 庭院
2. 入口
3. 座位区
4. 工作区
5. 自助区

在施工之中，异形的不锈钢装置无疑带来了挑战。为了让工艺最大限度还原最初的设计想法，设计师花费大量的时间与工厂沟通并解决问题。首先，他们在工厂搭建一比一的模型，确保每一片钢板的造型一次成型。其次，在模型实验搭建，避免给现场施工带来无法预计的困难。再次，由于施工现场无法进行大规模的切割和焊接，也为了保证不打扰周边的居民，因此都选在晚上施工和组装。

整块钢板经过挤压，被裁切成形态各异的造型。其中，3 片曲面钢板被安排在入口处，包裹原建筑的门头，以吸引来来往往的人群注目。入口左侧的隔墙被处理成三圆合一的镜子，成为到店顾客的打卡点，以满足他们的线上社交诉求。

在座椅的设计上，设计师摒弃不必要的造型和材料叠加，简单的几何造型在精准比例的控制下，展现出了强大的力量感。户外庭院的座位和只能放咖啡的茶几，让顾客落座后更加关注产品本身。过道之间椅子的吸音棉材质与周边不锈钢的质感和光泽产生了强烈的视觉冲突。中部吧台被横向切开，形成动静分区。自助台像是一个黑匣子，吸附在长桌上，凸显了它的存在。

"现代的变革，改变了商业形态的诠释法则；因网络链接而产生的评价标准，影响了店家在社区巷弄的建构经营。这些营业空间转移了都市里的商业区位，也平衡了需求与分布，同时间接改变了店家的经营定位，更符合当地居民与区域文化的商业行为，咖啡店成为小型商业形态的发展主力。"

小南通咖啡

项目地点：
中国台北市大安区和平东路二段 175 巷
24 号 1 楼

设计年份：
2020 年

设计机构：
开物设计

设计团队：
杨竣淞、罗尤呈

摄影版权：
李国民空间影像事务所

台湾地区生活的印记

巷弄往往是带有生活气息的地方，传统的小吃店、民间生活的真实样貌，展现出一种看似毫无章法却乱中有序的美感。应生活需要而逐年增加的屋舍修缮或增建项目，更夹杂着视觉上的、时代上的冲突意涵。店铺所在的位置独特，左边是传统机动车道，右边为一个电脑维修商家，因此整个场地充满着一种凌乱的传统街道的视觉感，这与我们传统认知中的商业空间选址有很大的差异性。但让人惊喜的是，这令这类小型的商业空间更能产生独特的经营模式与个性化的美学标准。小南通咖啡有别于一般的咖啡店，将过去台湾地区文化中连接社区与人情味的巷弄店面，以摊点形式来呈现。而台式传统小吃连接西式饮品的经营品项，让设计师在构思过程中产生更多对空间的想象，用具有文化表征与反映时代的材料混合出与当地形成交流的视觉语汇，借此深刻的设计力道打造出刻意却又不突兀的感受。

印记的整理与重组

设计是从整理开始的，去除过度潮湿的墙面，改由瓷砖阻断内与外的水汽。没有刻意增加的隔间与墙面便让老旧公寓达到最佳的状态，因选用的材料突显风格，利用旧式的木工手法，将原有的窗户用木结构包裹。

整理的本身，就是一种借力使力的运用。场地本身的旧雨遮是波浪板材质，保留原有的铁工架构，重新拼贴材料产生独特的对比关系。在空间中不平整的墙面，运用蒙德里安式垂直水平交错的几何分割，将数种不同的瓷砖做拼贴，虽刻意却又随性地构筑出一个具有时代记忆的视觉符号，对于当代来说，反而是一种前卫的呐喊。重要的是，设计团队反对用复古的语汇来定义室内设计，而是利用创新与情怀的交叠，构筑出一个属于这个时代可能且可以被记忆的"现代"咖啡店。

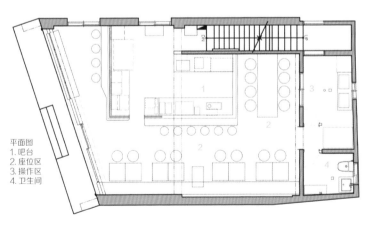

平面图
1. 吧台
2. 座位区
3. 操作区
4. 卫生间

大门上原有的铝窗被拆除。在室内重塑一个摊点式的吧台区，让空间中出现屋中屋的视觉感受。在吧台区构筑一个具有情怀与细节的体量，同时产生旧新相融的氛围。由于店面与场地有一个 30 度的斜面，因此面对斜面的吧台与大门正面产生了视觉错位，而让门面的开放设计显得更有张力。凭借场地所赋予的独特条件，原本看似传统的设计语汇转而成为现代感十足的重叠拼贴，让人们看见不寻常的空间状态。

铁皮屋的独特美学

铁皮屋是台湾地区文化的鲜明符号，有着价格低廉却极为耐用的特质，因此早期的市场建筑，多以铁皮屋形式呈现，波浪板、黑铁、镀锌管、明锁的螺丝、马赛克式的外墙瓷砖、不太准确的焊接……，将这些可用于铁皮屋的混搭元素，运用于空间设计中，建构出独特的台式铁皮屋。

"Cin Cin 是意大利语干杯的意思，它的发音源自中文的'请请'：捧杯时相互之间的问候与诚敬。三个主理人分别从三个国家留学归来，将各自的体验、经历碰撞融合到咖啡店的运营理念中，对设计提出了一个'城市客厅'的概念：一所集精品咖啡、小酒馆为一体的社交空间。"

$119m^2$

请请咖啡店

项目地点：

中国济南市东花墙子街 15 号

设计年份：

2020 年

设计团队：

王少榕（主创）、祝佳雷、何晓雨

摄影版权：

空间里

店铺位于济南老城区东花墙子街，在芙蓉商业街尽头、老文庙对面，周边是曲里拐弯的市井胡同，咖啡店就坐落于传统气息浓重的市井中。

房子建于 20 世纪 90 年代，因对老城区建筑外立面风貌的保护规定，设计团队保留了房子的外立面，内部空间则以化繁为简的设计手法，以"新旧共生"的设计理念，打造能让年轻人产生共鸣的空间。

内院的深灰色水泥地面延续了街道的感觉，白色的外墙搭配红色的门头，红色楼梯如一座天桥连接至二楼。红色作为 Cin Cin 品牌的视觉主色，在这里既强调了空间的主动线，又体现了空间的视觉趣味性。

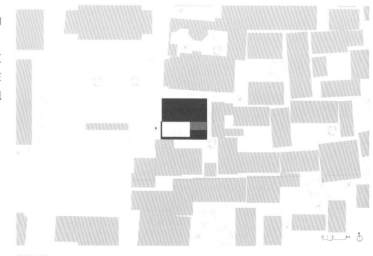

总平面图

室内空间是略显粗犷的工业建筑的调性：使用大面积中灰色系微水泥漆和水泥地面作为主基调，无框玻璃窗户使室内和内院空间连成一片，台阶形式的卡座和空间一体化，摆放上红色系的坐垫、椅子和桌几，形成轻松随性的客座区。

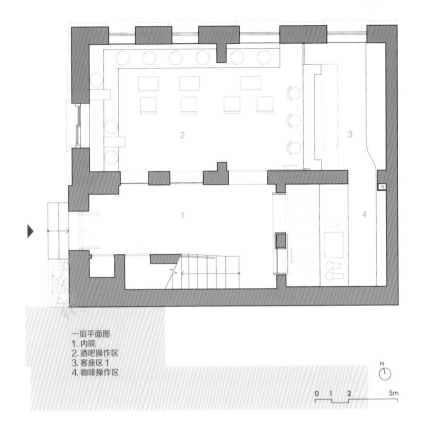

一层平面图
1. 内院
2. 酒吧操作区
3. 客座区 1
4. 咖啡操作区

N

0 1 2   5m

酒吧操作区是视觉的焦点：弧形墙顶面选用肌理粗犷的红色拉毛漆，吧台用不锈钢配温润质感的胡桃木台面，隐喻酒和咖啡的浓烈和细腻。

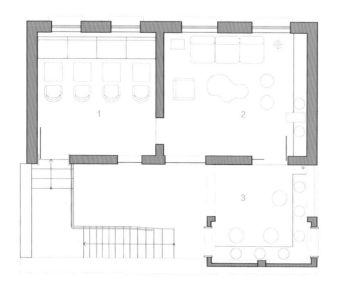

二层露台是一个一人高度的凉亭，在这里邻居平房的屋瓦仿佛触手可及，放眼望去是老城区连绵的瓦片屋顶，和错落的古树相映成趣。二层露台能让人更为直观地感受新与旧、现代与传统的气息并存。

二层平面图
1. 客座区 2
2. 客座区 3
3. 露台

0 1 2   5m

"将新旧价值观融合在一起的意义是让人们了解历史和记忆的价值。摧毁旧基础，建立新基础很容易，但保留缺陷，并使其以自己的方式完美呈现，才是独一无二的，这能鼓励人们成为更好的自己，而不是隐藏自己的不完美。"

纳姆拉咖啡店

项目地点：
越南岘港市野耀街

设计年份：
2020 年

设计机构：
D1 建筑设计工作室

摄影版权：
冲裕之

纳姆拉咖啡店（Namra Coffee）所在的建筑大约在 50 年前进行过翻修，具有 20 世纪 70 年代现代主义风格的特点。D1 建筑设计工作室将建筑的过去和现在植入新空间，与周围环境形成整体感。

建筑师被历史建筑的魅力迷住了，他们决定保留最具标志性的细节，并混在新元素中，营造一种怀旧的印象。建筑师十分珍视使这座建筑与众不同的东西：双层砖墙、绿色水泥地面、20世纪70年代风格的阳台，这些东西保留了建筑原有的影子，同时还能突出新的、活泼的外观，丰富其个性。绿水泥色被用作这家咖啡店的主题色。通过展示古老建筑的层次，设计团队希望表达对过去的敬意，并将过去的日子与现在联系起来。

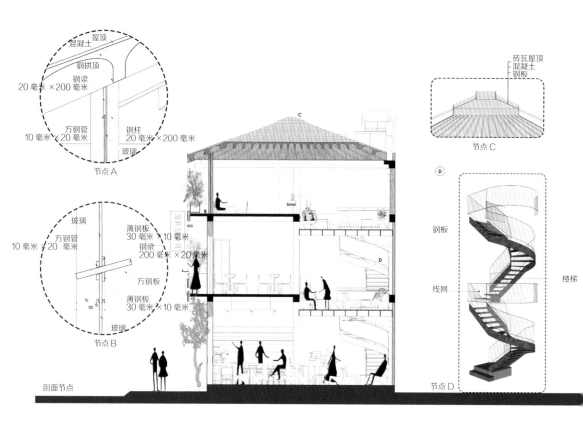

混凝土屋顶
钢拱顶
钢梁
20 毫米 ×200 毫米
方钢管
10 毫米 × 20 毫米
钢柱
20 毫米 ×200 毫米
玻璃

节点 A

玻璃
方钢管
10 毫米 × 20 毫米
薄钢板
30 毫米 × 10 毫米
钢梁
200 毫米 ×20 毫米
方钢板
薄钢板
30 毫米 × 10 毫米
玻璃

节点 B

剖面节点

砖瓦屋顶
混凝土
钢板

节点 C

钢板
线网
楼梯

节点 D

建筑师保留原建筑的历史风格，并使用现代材料进行完善，以实现功能和美学目的。这样的条件虽好，但对设计提出直接的、显而易见的挑战。为了营造所需的宁静氛围，D1 建筑设计工作室旨在将原有结构改造成一个"更健康"的开放空间，采用绿色植物和自然采光，让光线在地面上自由流动。建筑师将楼梯移到咖啡店的后面，并拆除隔墙，以打开空间并改善通风。拆除一半重型混凝土楼板，并用钢框架结构代替。新的布局让空间的特征更协调：静止和运动。

屋顶平面图

三层平面图

二层平面图

一层平面图

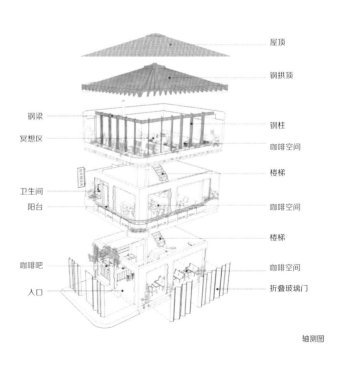

屋顶

钢拱顶

钢梁

冥想区

钢柱

咖啡空间

楼梯

卫生间

阳台

咖啡空间

楼梯

咖啡吧

咖啡空间

入口

折叠玻璃门

轴测图

咖啡店的一层营造一种活泼的气氛，这会给人留下良好的第一印象。二层慢慢转变成一种非常放松的、私人的环境气氛。顾客可以一边悠闲地享用咖啡，一边欣赏下面繁忙的咖啡吧。每一步都伴随着氛围的变化。当顾客上到三层，他们将有机会体验到非凡的禅意：建筑师把这里想象成一个安静的圣所，其特点是向心的钢屋顶，引导阳光从上方照射下来。

原来的封闭式钢立面被开放式玻璃窗和充满植物的阳台取代，大量的阳光为这个地方注入自然活力。店面的玻璃窗以不对称的顺序安装，创造出一种亲切的效果，减弱来自街上的噪声，将客人与嘈杂的外部世界隔开。这是一个温柔而又安静的秘密所在。

纳姆拉咖啡店的室内装饰非常强调可持续性。设计团队用当地工匠手工制作的东西来装饰，让环境更具吸引力，而不是采购大批量生产的商业产品。

建筑师希望这座建筑的每一个角落能唤起人们的好奇心，让我们用所学到的和知道的东西重新思考。我们的常规思维是，混凝土或钢是硬而冷的材料。建筑师想改变这种观点，如果我们愿意，混凝土和钢可以是软的。我们可以让一栋古老的建筑呈现出一个新的形象，并且仍然包含着它自身宝贵的历史肌理。建筑师希望这家咖啡店能使人们的体验更加丰富。

纳姆拉咖啡店位于岘港市熙熙攘攘的野耀街（Hoang Dieu Street），但它本身拥有一种宁静、亲密的感觉，一种地处忙碌市中心对"慢生活"时刻的珍惜。在梵文中，"Namra"的意思是"感激""感恩"。这个特别的名字反映了店主的愿望，以此向忠诚的顾客和这个地方本身表达他深深的感激之情。纳姆拉咖啡店的创建是为了巩固关系，打造一种"慢生活"的体验，实现一种内心的平静，以及丰富精神生活。

2 咖啡店设计与空间功能

图1

当然，对现代人来说，去咖啡店不单单是喝咖啡，而且对咖啡店的风格、环境、功能等诸多方面的要求越来越高。因此，咖啡店的风格、空间设计和功能尤为重要。咖啡作为一种时尚饮品，它代表的是一种消费文化理念。咖啡店所营造的氛围以及它的主题和风格是根据不同消费群体的需求来定位的，因此，对咖啡文化与空间设计的研究也越来越重要。

现代咖啡店空间设计不仅要具有实用性和装饰性，而且要具有休闲娱乐性，还要兼具浓烈的文化气息。咖啡店空间设计包括 4 个方面：一是注重空间在布局上的合理分配和安排，二是对空间的装饰陈设进行细致的考量，三是要对空间进行艺术化处理，以便于满足受众的审美，四是在空间布置和陈设上进行个性化创意设计。（图1）

在设计咖啡店时，要对空间结构、功能组合、灯光、颜色和人流进行规划，从而满足功能和美学要求。咖啡店设计的好坏对服务效率和顾客的心理具有很大的影响：空间形象，桌子数量以及桌子使用的周转率，工作区和服务室的有效分布等都对经营效果有影响。需要根据客流的需求确认家具的数量和尺寸是否与空间大小适合，人流是否得到有效的规划设计等。

图2

咖啡店内的座位数应与房间大小相适应，并且比例合适。一般面积与座位数的比例关系为 1.1~1.7 平方米每座。空间处理应尽量使人感到亲切，一个大的开敞空间不如分成几个小的空间。家具应成组地布置，且布置形式应有变化，尽量为顾客创造一个亲切的独立空间。

咖啡店空间设计要与其总体装修设计风格相互搭配，可以通过虚实手法布置空间，似隔非隔，隔中有透，虚实穿插。例如利用布幔、镂空墙体、珠帘、屏风、木栅栏等缓冲通道；又如利用通道的回绕曲折，产生曲径通幽的感觉，起到放大空间的作用。适当的分隔还可满足保护客人隐私的需求。（图2、图3）

图3

"咖啡店的名称 SOSO 源于日语'楚々',意思是'纯洁''美丽''精致'。这就是为什么设计师决定想象并打造一个符合这些含义的日式空间。"

SOSO 咖啡店

项目地点:

越南胡志明市

设计年份:

2021 年

设计机构:

D&C 设计公司

摄影版权:

D&C 设计公司

SOSO 咖啡店位于越南胡志明市一栋公寓的一楼，位于一个住宅开发区，许多越南人和外国人居住在这里。

业主是一位越南女士，非常喜欢日本。她所要求的只是一个日式风格的、优雅的空间，其余的留给设计师。然而，设计师理解的是，客户的要求是关注日本设计的灵性和基于此的空间美学，而不是所谓的"日式风格"。

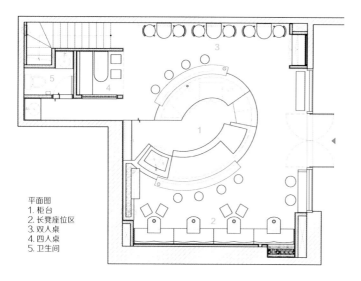

平面图
1. 柜台
2. 长凳座位区
3. 双人桌
4. 四人桌
5. 卫生间

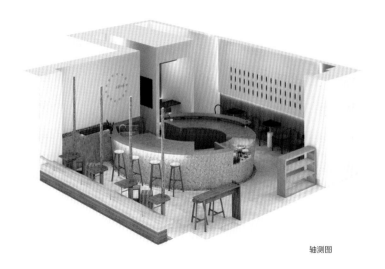

轴测图

不包括卫生间和楼梯，店面面积为
40平方米，不算太大。为了有效地
保证座位的数量，通常的做法是让柜
台靠近墙壁，将其余的空间用作顾客
的座位。然而，设计师认为像附近流
动的西贡河那样宽敞、悠闲的空间更
适合这里，而不应仅仅关注效率。

因此，他们决定在咖啡店的中心布置
一个大的椭圆形柜台，柜台旁边布置
桌子。当顾客进入咖啡店时，首先通
过靠近入口的柜台下订单，然后自然
地沿着椭圆形柜台左右的桌子就座。

柜台采用现浇混凝土整体成形，仅对
侧面进行锐化，以露出骨料碎石，饰
面通过边缘与顶板表面隔开。对混凝
土进行细致的表面处理，就像处理家
具一样，凭借混凝土那种原始的强度
和粗糙的外观呈现出全新的样貌。

靠墙的长凳、带着树皮的原木与桌子融为一体，像树木一样排列着，底部包裹的黄铜起到支撑的作用，给人留下干净、清新的印象。黄铜闪闪发光，但是随着时间的推移，应该会变得更加收敛，更匹配这个空间。安装在原木上的灯带向墙壁发射光线，反射的光线柔和地照亮咖啡店。

将家具和木材漆成 4 种不同的颜色：白色、灰色、棕色和黑色。油漆层很薄，可以凸显木材的纹理，使木材保有其原始的表现力。

在天花的覆面板上随机钻几个孔。从孔洞里漏出的微弱光线使咖啡店看起来像是被白雪包围着，晚上看起来则像是满天繁星，这是一个一整天都有不同"表情"的空间。

*"这是一家带有历史韵味的咖啡店，集合了各种特色元素：
裸露的砖墙，拱形的门洞，用于区分功能空间的光束……"*

$57m^2$

BWTC 咖啡店

项目地点：

乌克兰基辅市布尔瓦诺 – 库德里亚夫斯卡大街 19 号

设计年份：

2020 年

设计机构：

AKZ 建筑事务所

摄影版权：

丽莎 · 扬琴科夫

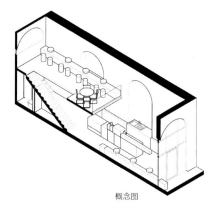

概念图

一层平面图和二层平面图
1. 入口
2. 吧台
3. 一层座位区
4. 二层座位区

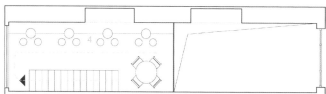

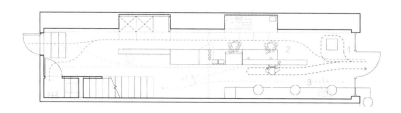

BWTC 咖啡店位于一座历史建筑中。该建筑靠近利沃夫广场，是一座砖砌的皇家建筑，建于 19 世纪末 20 世纪初。

原有空间狭窄而深邃，有着拱形的开敞结构，总面积 57 平方米。一层是外带
功能区。空间一侧布置着数个座椅，另一侧是集合所有咖啡制作流程的区域。
明确的分区确保人们的活动不会被阻碍，进而营造出咖啡师和顾客之间的互动。

二层空间同样保留老旧的砖墙，将其历史气息浓郁的肌理清晰呈现出来。这里分别设置了4人桌和多人桌，专注于将咖啡店与历史环境简洁地整合在一起。

灯光为顾客营造出不同的场景，强化空间的结构。渐变光束是引领顾客活动方向的主要元素，也是咖啡制作流程的分节符。空间尽头一扇透明的玻璃门将室内引向室外庭院——进一步强化咖啡店与整座城市的联系。

"夏日午后，蝉在树上鸣叫，日光穿过窗外的梧桐树，影子落在地上，像星星一样闪烁，是一天当中最美好的光景。"

VISION 咖啡店

项目地点：

中国上海市徐汇区衡山路 890 号衡山坊
2 号楼 3 楼

设计年份：

2021 年

设计机构：

艾舍尔设计

设计团队：

王志峰、范进、谢佳秀

摄影版权：

云眠摄影工作室

衡山坊，始建于 20 世纪 30—40 年代，包括 11 幢独立花园洋房和两排新式里弄住宅，建筑具有海派民居的典型样式，是一处承载着历史记忆的地点，同时也体现着这座城市文化的多样性。

VISION 咖啡店在这片建筑群中的 2 号楼，一幢 3 层洋房的 3 楼。窗外一侧是车水马龙的衡山路，高大的法国梧桐枝叶繁茂；另一侧毗邻徐汇公园，在夏天傍晚的公园里，阿叔阿姨们衣着讲究，在石凳上坐着聊天，孩子们吹着彩色的泡泡，在追逐嬉闹……

室内座位区的设计灵感来自街心公园，软木瑜伽砖砌成的凳子，像是公园里的石凳。在开放的大空间内，人站立、围坐或对坐，设计师通过座位方式的设定来消除人与人之间的距离感，让聊天或独处都变得更加自在，留出大面积的窗，让室外的绿意充分融入室内。

基础空间裸露出部分原始的墙面，中间大长桌和操作台使用具有未来感的氧化铝，让粗糙与精致对撞出一个具有艺术气质的氛围。

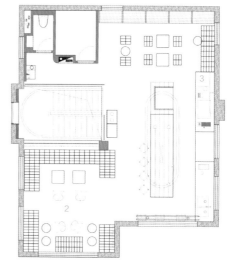

平面图
1. 吧台
2. 座位区
3. 卫生间

"这是一个多功能空间，可用于家具展示、夜间娱乐和咖啡供应，面积仅68平方米。"

O 店

项目地点：

中国成都

设计年份：

2020 年

设计机构：

AIO 设计工作室

摄影版权：

AIO 设计工作室

O 店（Shop O）融合了两种功能：天黑前是咖啡店，天黑后是酒吧。一进门就是简洁的咖啡服务台。后面则是酒吧，满足夜间娱乐。不过这家店的首要目标是展示精选的生活用品和名牌家具。

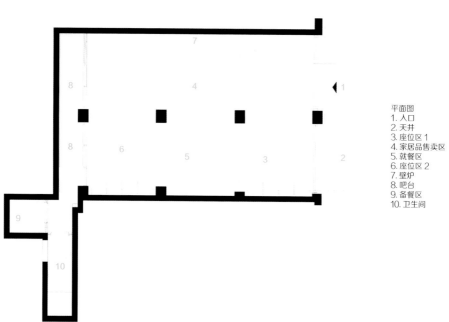

平面图
1. 入口
2. 天井
3. 座位区 1
4. 家居品售卖区
5. 就餐区
6. 座位区 2
7. 壁炉
8. 吧台
9. 备餐区
10. 卫生间

由于产品具有季节性，同时店主也希望顾客能对这个空间保有新鲜感，因此设计师决定进行分区，营造各种场景来展示商品。店里安装的固定装置很少，以便未来的活动和安排能有更多的空间。沿着一侧墙壁设置一个长长的砂岩柜台，可以放置咖啡机和各种小型的产品，甚至下面还可以设置壁炉。而在另一侧，定制的翻转座椅则为顾客营造一种互动的氛围，引导顾客亲身体验商店里的产品。中间的部分比其他区域低一个台阶的高度，形成由另外两个区域包围的格局，这里可以用于举办聚会。

这3个区域由一个重复出现的独特元素衔接起来——椭圆形悬浮拱门。这种拱门在不占用任何空间的情况下给店里带来一种个性。拱门悬浮在空中，与裸露的天花板和柱子连接。

这种秩序感与原始感的融合在墙上得到了体现：上方完美上漆，下方裸露出原始状态。当夜幕降临时，空间便从一个精品店摇身一变，呈现出不同的氛围。靠近酒吧一侧的最后一个拱门部分采用变色的背光照明，为空间注入不同的味道。隐藏在镜子后面的橱柜，还有黑暗中的调酒师，让这个神秘的狭长空间引人好奇。

"冬日里，寒风下，于贫瘠荒芜之中依然茁壮，这便是野草。"

野草咖啡

项目地点：

中国杭州市江干区九和路

设计年份：

2020 年

设计机构：

杭州喜叻空间研究

设计团队：

高成（主创）、历云翔

摄影版权：

瀚墨摄影

咖啡店位于两间小吃店的夹角之处，门头可展示的区域异常狭小。当初次面对场地时，设计师的想法是如何打破对原始场地的限制。在有限的预算之内让店铺的视觉形象跃然于这一片混乱之上是要解决的首要问题。于是"对立统一"便是这次设计的核心。

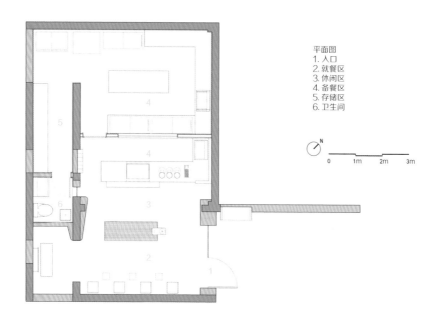

平面图
1. 入口
2. 就餐区
3. 休闲区
4. 备餐区
5. 存储区
6. 卫生间

N

0   1m   2m   3m

设计师通过抬升入口地面，将门头与侧墙管道进行有序的梳理与统一，使三面作为整体嵌套于这一夹角之中，扩大门头的整体可视区域。使用大面积的白色和绿色体块来提升入口的整体视觉效果，增加门头的可辨识度。

作为空间的内里边界，备餐区的立面与长凳背景相互呼应，统一空间秩序，形
成视觉的连续性。绿色亚克力隔挡，增加空间的记忆点。

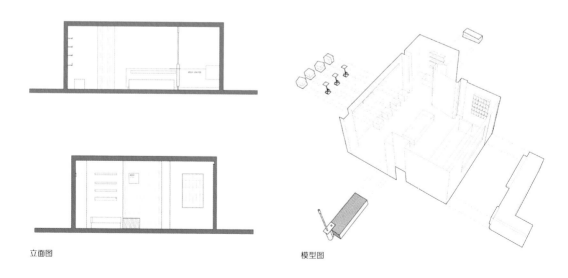

立面图   模型图

在布局上，设计师没有设置固定座位，而是对所有座椅的形体进行几何化的处理，不同大小与材质的方形元素相互组合，满足顾客不同场景使用需求的同时，形成空间最基本的元素。

在有限的空间中，拉丝不锈钢的运用满足空间功能，提升整体空间细节的同时，也将对立统一于空间之中。

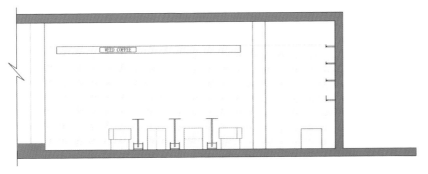

立面图

"当我们做这个咖啡店的室内设计时，我们问自己这样一个问题：如果我们是咖啡师，我们想在什么样的咖啡店、在什么样的室内环境中煮咖啡？或者一个站在顾客角度的问题：我们想在什么样的咖啡店喝咖啡，吃牛角面包？也许我们能成功取悦所有人！"

白色咖啡店

项目地点：

俄罗斯萨拉托夫市

设计年份：

2021 年

设计机构：

QUADRUM 设计工作室

摄影版权：

德米特里·切巴年科

白色咖啡店位于俄罗斯萨拉托夫市最繁忙的步行街上，所在的建筑是一栋建于 19 世纪末的旧公寓楼。咖啡店由两部分组成，入口区域有吧台和吧凳、甜品陈列柜、咖啡桌等。座位区更私密，摆放着桌子，氛围比较轻松，适合聚会或者开私人宴会。这个部分有舒适宽大的扶手椅、箱式凳、长椅、纺织品和特别的照明。

白色咖啡店的室内呈现了经典背景与现代家具和装饰的成功结合。在灰泥的背景下，你可以看到一个独特的吊灯，由一系列缠绕的不规则曲线霓虹灯构成，盘旋在咖啡店上方。这是空间中不可分割的一部分，正如咖啡店室内的其他元素一样。

照明在室内起着重要作用。咖啡店上方弯曲的霓虹灯是顾客推开门时看到的第一个元素，给顾客留下的第一印象非常重要。另外一个区域内的普通玻璃霓虹灯，设定了室内的节奏。整体空间内使用的聚光灯产生了舒适的光影。

地面统一采用人字形图案的瓷砖，将两个区域衔接起来。室内家具都是俄罗斯设计师的作品，品牌包括delo design、archipelago、vse v poryadke 等。咖啡店的室内设计灵感来自巴黎风格。设计师不希望室内被认为是"新的"，而是结合了古典风格、历史遗产和现代细节，是咖啡店和酒吧的结合体。

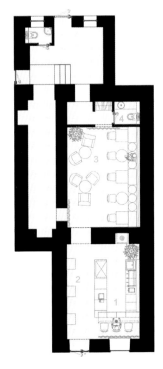

平面图
1. 吧台区
2. 吧凳区
3. 座位区
4. 卫生间

"作为首旅如家如咖啡品牌的第一家门店，如何营造一个清新而独特的品牌形象成为本案的一个重要议题。作为一家具有品牌自觉性的咖啡店，我们需要采取一种清晰而强烈的空间策略来统一功能与美学，以实现对‘家’的回归。"

$85m^2$

如咖啡

项目地点：
中国上海市长宁区镇宁路 465 弄 181 号
安垦 AIR3 号楼 5B

设计年份：
2020 年

设计机构：
彼山设计

设计团队：
吴冠中（主创）、徐霆威（主创）、
王晨歌（主创）、王萍、李扬杰、
吴凌燕、张艺涵

摄影版权：
刘松恺

一方面，原有空间将有不同需求的群体混合在一处，大家相互干扰，而"家"是让不同的房间各司其职；另一方面，作为公共空间的咖啡店，需要承载公众人群的社交属性，也是城市活动的导流装置。设计师采取的方式是置入一间"房中房"，使各个区域的私密度和归置感得到保障。

人们从室外下沉庭院步入咖啡店内，首先看到吧台和一个咖啡豆展示区。室内
以核心元素——红砖作为表达方式，通过砌面样式的差异勾画出空间的韵律，
并将人流导向不同房间。

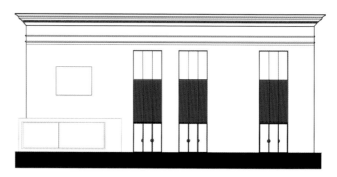

立面图

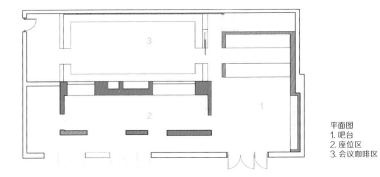

平面图
1. 吧台
2. 座位区
3. 会议咖啡区

剖面图

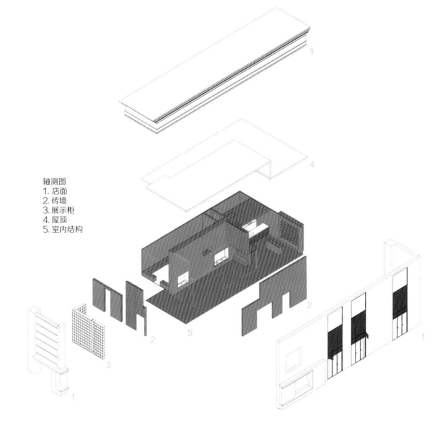

轴测图
1. 店面
2. 砖墙
3. 展示柜
4. 屋顶
5. 室内结构

墙面上的门窗洞口自由流动于"房中房"展开面所构成的二维空间，以实现墙内墙外的动态渗透与沟通。房外的通高墙面为一面靛蓝色展示柜，形成房内外强烈的冷暖对比。

最内部的空间是一间可兼作咖啡室和会议室的独立房间，同样延续温馨的场景氛围，尽头通向旅馆内部。

"如何在保留建筑斑驳痕迹的同时，结合功能规划多样的空间，并将佛山的醒狮文化融入其中，赋予属于一质咖啡独有的灵魂与色彩，是设计师面临的挑战。"

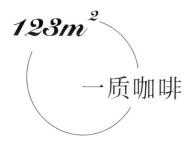

一质咖啡

项目地点：
中国广东省佛山市禅城区同华横街
3 号 101
设计年份：
2020 年
设计机构：
深点设计
设计团队：
郑小馆（主创）、黄炳森、陈槿珊、
文珍妮
摄影版权：
视方摄影

项目位于老街的一角，隐于葱茏的树木之中。原建筑构造复杂，外观形状不规则，室内柱子大小不一致。漫步在街边的树林中，不经意望见，有一个通透的玻璃盒子渗着暖意，没有烦冗的外表做装饰，格外引人入胜。在光的笼罩下，精致的狮头 LOGO 和沧桑的柱身相得益彰，简单的美直抵人心。

阵阵咖啡香从一个木质通道溢出，沿着香味寻去，一道白色从缝中微微探出，端头上的石狮，蹲伏于柔和的光线里，仿佛沉浸在思绪之中。倘若顺着视线望去，会觉得那道白色似舞动的狮尾，在空中翻腾飞跃，灵活地游走在空间之中，一眼望不到尽头，不禁让人好奇地往里走去。

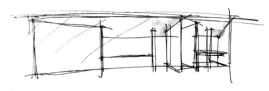

手稿

平面图
1. 入口
2. 高吧台区
3. 多功能房间
4. 中央吧台区
5. 沙发座位区
6. 办公区
7. 卫生间
8. 洗手区
9. 展区

走进来映入眼帘的是中心的方形吧台,可围绕而坐,其中央的水泥柱顺着镜面无限延伸,于倒影中注视己身,一虚一实,看镜中人之倦怠,思镜外人之碌碌。天花和梁柱都保留着最原始的状态,经受过时间洗礼的老木板及瓦片分布在各个角落,以新的形态延续它们的故事。吧台旁的展示架里,层层玻璃穿梭于老木间,冲破墙面的束缚延伸为洗手台,模糊了空间的界限。将回收岭南旧房屋的瓦片引入空间,与灯泡结合充当灯罩,让旧物件焕发出新的生机,成为空间独特的符号。环绕着吧台的各个角落形式不一,但在这充满岁月痕迹的衬托下,显得分外自然,新与旧之间的碰撞,不再是对立,而是包容。即便是素昧平生之人,也可在这份包容下和谐共处,相谈甚欢。

在吧台旁，在与自然对话的窗台上，在可闭合的私密空间中，在墙隅的卡座位区里，倚窗而坐，在悠悠的咖啡香中，放空自己，为灵魂留一个角落。在大千世界里，喧嚣让人心神不定。老子曰："万物芸芸，各归其根。归根曰静，静曰复命。"归根究底，静是生命的根源。心静则清，心清则明，静下来，才能看到真正的自己。

3 咖啡店设计与用户体验

在巨大的城市尺度、快节奏的工作、碎片化的时间中，人类个体的存在感是渺小的，有时也很难体会到那种悠闲自在的生活状态，因此产生了强烈的情感和精神需求。咖啡店，就是一处角落，让人能连接起城市和时代，又能保持内心的独立性。咖啡店之所以受到青睐，与其"弱商业、强体验"的定位不无关系，也反映了当下休闲和文化类消费的兴起，大众对于设计和艺术的热情不断攀升。当我们身处咖啡店，是在享受自我与心灵、身体与物体、个体与城市的互相对话。生活不在别处，就在这里。（图1）

在体验经济时代下，用户体验成为企业关注的核心，咖啡店空间设计的主题化是当前咖啡饮品行业注重用户体验的重要表现。因此，从用户体验角度出发营造咖啡店主题空间的氛围，创造出一个满足用户体验需求的主题咖啡店是非常必要的。

体验设计关注的是用户作为一个"人"的感性需求，在诸如感知、感觉、思维、行动等多方面触动顾客，在消费者、产品、品牌以及企业之间构建一条更为坚韧的情感纽带，最终激发顾客对品牌的忠诚，加强企业的市场竞争实力。

图1

咖啡店的体验设计要素包括主题设计、环境设计、五觉设计和情感设计等，其发端是咖啡，因此所有的体验都应与咖啡相关。通过室内设计创造出不一样的咖啡品尝体验是设计师、店主的共同目标。

在通常情况下，总体设计着重于通过分区和流程呈现完整的视觉体验，可以通过简单而质朴的色调突出空间感和分区感。长长的咖啡吧台是必不可少的元素，便于咖啡师展示他们的技能。空间布局不仅会吸引路人，而且还能够为客户提供从储藏、烘焙、包装到冲泡的咖啡制作过程的概述，从而独特的。（图2）

咖啡店可以与其他功能空间相结合，进而打造不同的体验，如与艺术文化结合的书吧咖啡店，集购物和咖啡于一身的体验式咖啡店，融入环境主题的生态体验式咖啡店等。

图2

"设计师挑战创造一个'回归本质'的咖啡店，通过精心设计的一系列'框景'创造了令人意想不到的舒适空间体验。"

本质咖啡

项目地点：

中国北京市鲜鱼口

设计年份：

2019 年

设计机构：

AIO 设计

本质咖啡坐落于北京市鲜鱼口一座翻修历史建筑的西北角，是毗邻优客工场的一个重要商户，店内面积 30 平方米。通过向街区居民、观光客提供优质的精品咖啡，激活鲜鱼口周边的商业区。

设计初衷与品牌定位达成共识——"好咖啡即是常态"，尝试转变人们对于咖啡店的传统印象，从咖啡的"制作"升华到"享用"。通过空间设计打破现有的经营与体验模式——不再炫耀精巧的机器与咖啡师的表演，而是捕捉并组合无形和微妙的"感官体验"。

非传统的空间布局

设计师将焦点置于光与荫翳的追逐游戏中，在咖啡店内塑造一系列的"框景"。咖啡调制区域被一层曲线的帷幕包围，并以同心放射布局的方式，为周边座椅形成优美的依托，引人入胜地传递着神秘感与好奇感。

探索的旅程始于入口挑高的条形空间，在一片悬于弧形桌面之上的轻盈的冲孔铝板屏风围绕下，显露出部分座位。设计师有意地将咖啡师安排在这个位置，以便为堂食与外带的客人提供服务。通过单点透视构图方式塑造的窗口，形成了这个和咖啡师面对面交流的场景。在廊道末端的灯膜墙前，拿取手冲咖啡的画面被随之凸显。

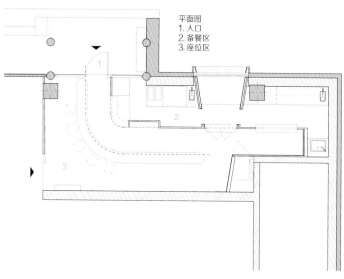

平面图
1. 入口
2. 备餐区
3. 座位区

通过"框景"内的画面，重新感受咖啡

在空间里，设计师使用柔和的品牌颜色、简约却又意蕴悠长的设计语言，以及有趣且意想不到的空间旅程，打造独特的空间体验。这些元素引导客人关注种种精心安排的画面，调动他们的感官（声觉、嗅觉、味觉），全方位地享受咖啡。

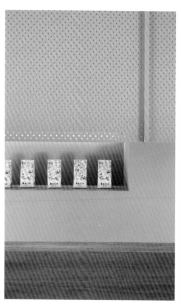

在各个角落里的"框景"中上演着不同的"戏码"。这些都蕴含着咖啡带来的享受，含糊不清的闲聊，还有制作咖啡时所散发出的声音和气味，吸引着客人的好奇心与嗅觉。这些富有感染力的细节强调着本质咖啡的内涵与价值，人们可以在这小巧精致的 30 平方米空间内尽情地享受回归本质的咖啡。

"熟悉的环境往往让人感到舒适，却又稍显乏味；新奇的事物会赋予生活新鲜感，但也让人感到些许不安。设计的主旨即是在两者之间维持一种相对的平衡。"

524.4m²

ilil 咖啡店

项目地点：

韩国忠清北道清州市兴德区镇宰路 55 号街

设计年份：

2019 年

设计机构：

ATMOROUND 设计工作室

摄影版权：

朴佑镇

ilil 是一间位于城郊的咖啡店。这里的常客虽然有点抗拒新潮的生活方式，但仍对新鲜事物感到好奇。在这一项目中，设计师面临的首要任务是找到事物的本质，然后从中获取新的灵感。设计师需不断地重新审视自己的想法，向顾客展示不同的视角，鼓励他们敞开胸怀，尝试新鲜事物。

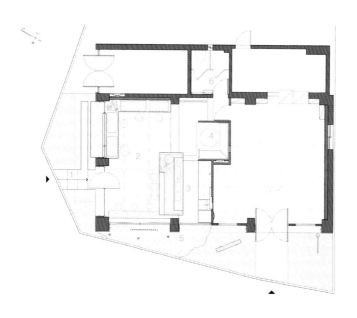

平面图
1. 入口
2. 大厅
3. 吧台
4. 卡座位区
5. 花园
6. 卫生间

由于店铺靠近居民区，引入家的特征成了设计的关键。客厅的沙发、窗帘、窗户、餐桌，以及带窗的房间等熟悉的家庭元素被以新的视角带入设计中。室内的整体结构发生了变化，但外立面的结构和墙面涂料保持不变，以保持空间的自然气息。使用碎石装饰内外部空间，让整体看起来更具统一性。

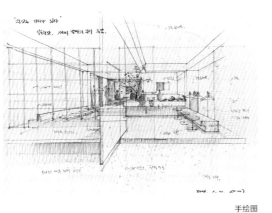

手绘图

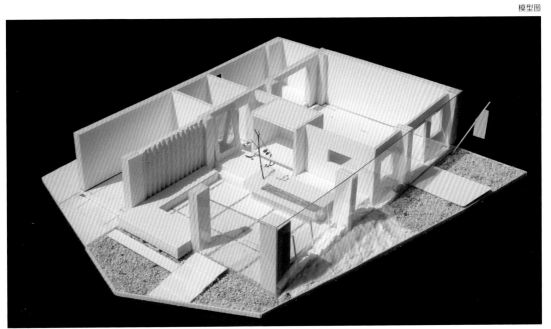

吧台被设计成餐桌，咖啡师可以在这里与顾客交流。Moka 咖啡壶被放在桌前的炉灶上，顾客可以看到那些平常在家里使用的东西是如何被赋予其他功能的。操作台与桌面的中间区域填满了砾石，装饰着鲜花和小树。看似新鲜的东西，竟是来自人们的日常生活和周围环境，这对顾客来说是一种惊喜。

与大多数亚洲房屋一样，沙发靠墙摆放，面对宽敞的居住空间。沙发由带有缓冲坐垫的硬质混凝土制成，可为顾客提供舒适的就座体验。用木质装饰物来代替窗帘，为空间增添了几分趣味。

室内外空间的界限十分模糊，顾客从店外走进店内，会产生一种莫名的熟悉感。黄色的平顶锥体形桌子是看清事物本质而不拘泥于其原有用途的例子之一。这样一个引人注目的元素，采用塑料停车锥和用于沉积混凝土的板作为模具打造而成。

"我们受邀协助立体镜咖啡店创建这个一楼店面，目标不仅是提供服务，而且要让人产生兴奋感。韦克建筑事务所负责人兼首席设计师戴维·韦克解释说：'客户想要一些以前从未做过的东西，我们相信我们已经给了他们。'"

6'2.4m²

立体镜咖啡店

项目地点：
美国加利福尼亚州新港滩市
设计年份：
2020 年
设计机构：
韦克建筑事务所
LAND 设计工作室
摄影版权：
本尼·陈（Benny Chan）

韦克建筑事务所与 LAND 设计工作室联手在加利福尼亚州新港滩市打造了一间如教堂般华丽的品牌咖啡店。立体镜咖啡店（Stereoscope Coffee）是这个品牌在橘子郡开设的第二家门店，旨在为现代咖啡店的体验树立更高的标准，以吸引更多的新老顾客。

这家咖啡店位于大型写字楼的一楼，写字楼包含两座办公楼，共用一个庭院。咖啡店自开业以来一直广受欢迎。业主是得克萨斯州的花岗石房地产公司（Granite Properties），他们组建了这支设计团队，与立体镜咖啡店合作，目标是在大楼内创造一种能引起租户共鸣的兴奋和愉悦感。

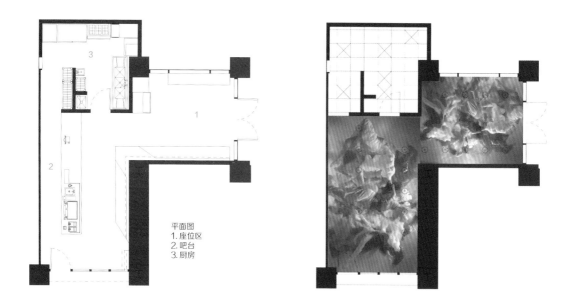

平面图
1. 座位区
2. 吧台
3. 厨房

愿景

设计团队的任务是在一个狭窄的 L 形体量中置入一个令人兴奋的空间，使其连接位于 L 两端的入口。其中一个入口与咖啡店所在的办公楼大厅相连，另一个则与户外庭院相连。

作为该项目的设计师，戴维·韦克和安德鲁·林德利回想起他们在意大利的旅行，在帕尔马大教堂的圆顶上，他们有机会欣赏到柯勒乔在 16 世纪创作的壁画《圣母升天图》。这幅文艺复兴时期的名画为他们二人带来了灵感，他们试图以一种多维的视角去重新呈现画作的精髓，将"Stereoscope"的本质含义（即立体镜，3D 技术的前身）融合到设计当中，最终创造出一种具有迷幻感的体验。

"我们找到了一位名叫克里斯蒂·李·罗杰斯（Christy Lee Rogers）的艺术家，她以独特的文艺复兴和巴洛克风格的水下摄影而闻名，"戴维·韦克说，"我们获得了她创作的《凯瑟琳·卡丽与让的重聚》这幅作品的使用许可，并将其转为 3D 图像。"

在灯光下

不同于华丽而大胆的教堂式天顶，咖啡店的室内空间采用了温暖而现代的材料，与自然的混凝土地面和谐搭配。白橡木材质的长椅环绕在 L 形的空间内，6 英寸（约 15 厘米）宽的扶手平台提供了存放个人物品的空间。

吧台采用奥尔卡大理石（Orca），将韵律感和肌理感融入其极简的体块造型中，从两个入口都可以看到。在吧台后方的墙面铺设白色磨砂瓷砖，带来温暖和融合的质感。在长椅座位上方的搁板上放置着 20 副 3D 眼镜，以帮助客人观察天顶艺术品，结束一场前卫的视觉之旅。

"该项目阐释了如何通过室内设计将视觉体验扩展至既有的空间之外，"戴维·韦克说，"能够打破传统的设计界限，为我们的客户做出真正独特而优质的作品，是一件非常值得骄傲的事。"

"这个空间不仅要让客人感受到轻松惬意的氛围，也要让咖啡师更加高效地完成工作，同时给客人提供更好的服务体验！"

禾少咖啡

项目地点：
中国上海市普陀区云岭东路 599 弄 20 号 101B

设计年份：
2019 年

设计机构：
独荷设计

摄影版权：
布莱恩·蔡

禾少咖啡是一家精品咖啡店，专门提供特色咖啡和特别的冲泡方式，包括氮气咖啡、冷萃咖啡，以及其他类型的各种冲泡咖啡。"品味每一刻"是这家咖啡店的灵魂，客户对咖啡和美好生活充满热情，而设计师正是受到这一启发，旨在创建一个承载这样的美好体验的绿洲。

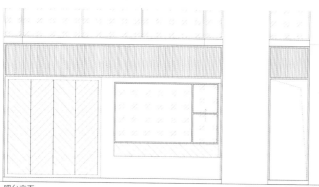

吧台立面

明亮的白色立面搭配橙色和舒适的木色，让这个咖啡店在街道上脱颖而出。咖啡准备区在靠窗的位置，打造出一种橱窗展示的体验，让路人在步行的同时也可以观看到咖啡的制作过程，欣赏匠造咖啡的美感艺术。外卖窗口方便客人步入后点外带咖啡。咖啡店的立面设计独特，它是全部可移动的，打开立面后为客人提供一个激动人心、充满活力的座位区，使室内和室外空间融为一体。

平面图
1. 吧台
2. 卡座位区
3. 会议室座位区
4. 床边座位区

室内的设计运用了少量的白色调和木质装饰，打造出一种简约风格，搭配薄荷绿色和橙色，让空间更显清新自然。中岛地面的水磨石设计模拟了一种自然的室外风格，让室内的人拥有在室外享受咖啡的自在感觉。为了强化手作咖啡的概念，室内也有很多精心制作的元素。从座位设计到特色零售货架，以及门把手的细节处理，各种小惊喜贯穿其中，最大限度地提升咖啡店的体验。

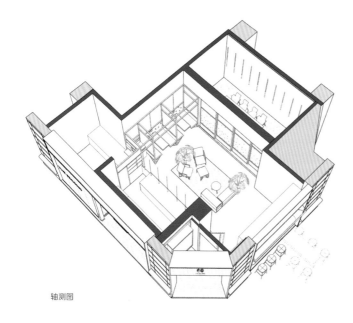

轴测图

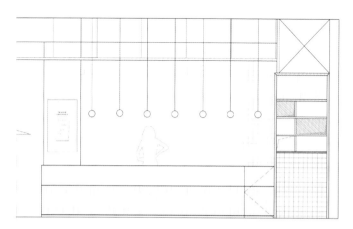

吧台立面

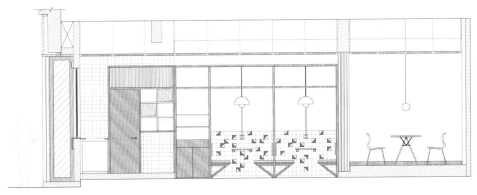

卡座区立面

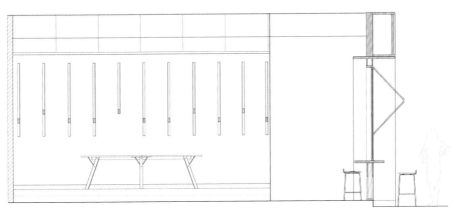

会议室座位区立面

"JISU 是一个休闲的空间。它是一个放慢脚步的时刻。它是一个时间停止的瞬间。它是一个不假装给出答案的空间，不假装约束顾客，从而实现沉思和休闲，释放想象力，一个培养个人创造力的空间。"

100m²

JISU 特色咖啡店

项目地点：
阿根廷马德罗港
设计年份：
2020 年
设计机构：
TM 设计工作室
摄影版权：
赫尔南 · 塔沃阿达

这家咖啡店的设计必须具备一定的多功能性，以适应可能从一开始没有考虑过的未来情况和用途。设计方案旨在创造一个和谐而简单的空间，在这里可以实现不同的用途和功能。JISU 的设计理念是创造一个与动态空间相关的品牌。在动态空间中，空间的用途、美食以及公众及其范围可以随着时间的推移而改变，产生一个跨界的空间——始终伴随着美味的特色咖啡。

整个空间没有进行任何划分，简单的线条一目了然，此外还有纯粹的几何图形、中性的色调、石材、植物以及作为主要照明元素的中央雕塑。设计借鉴了布宜诺斯艾利斯的广场，即将民族文化和东方文化的一些元素与咖啡的香气融合在一起。

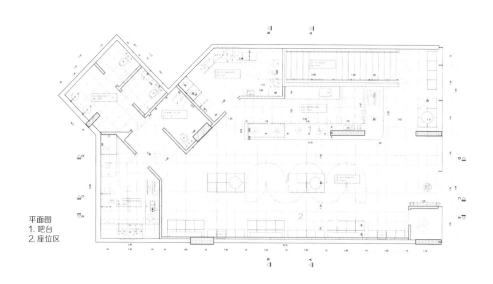

平面图
1. 吧台
2. 座位区

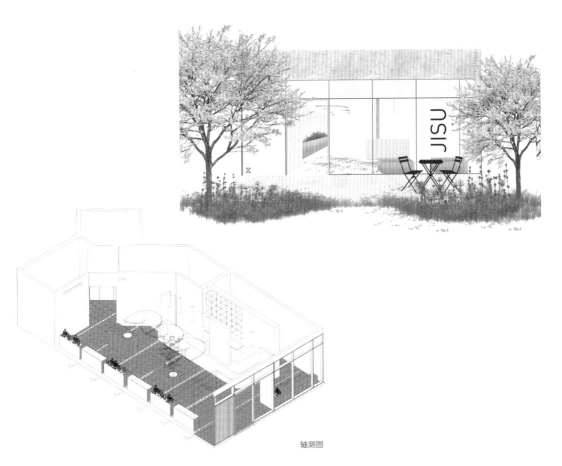

轴测图

为了让人想起布宜诺斯艾利斯市中心的公共空间，设计师决定使用广场和人行道上最常见的地砖——64边砖。通过这种方式，顾客可以下意识地将在这里行走时产生的感觉与城市露天公共空间中发生的体验联系起来。

为了强调广场的特征，室内没有添加活动家具，取而代之的是固定长椅，就是公共空间经常能看到的那种座椅。同样的设计还出现在花坛、吧台等地方，于是就出现了一个模块，蔓延到整个空间。这个模块的尺寸是40厘米×40厘米（64边砖的大小）。这种模式存在于咖啡店内所有区域，将所有构成元素联系在一起。它是一种由几何图案控制的空间，一些图案是可见的，易于理解，另一些则更隐蔽。

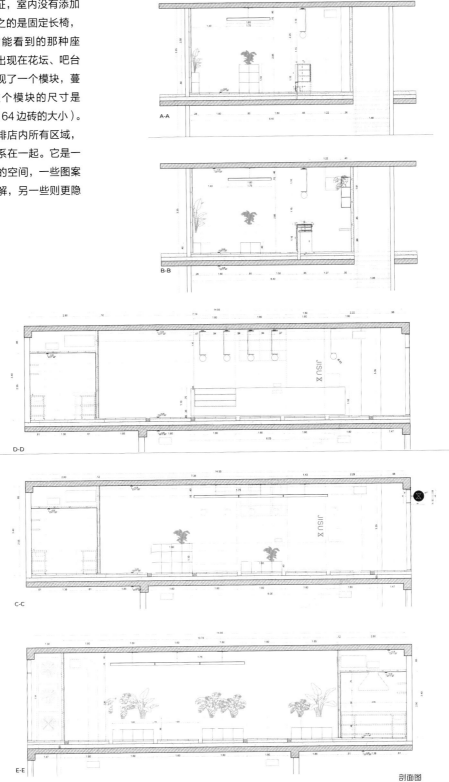

剖面图

布宜诺斯艾利斯市中心的广场，如梅奥广场（Plaza de Mayo），使用的另一个元素是装饰有球形或椭圆形灯具的金色灯笼。设计师从这些历史悠久的城市基础设施中寻求灵感，在设计中使用了金色和球形。球体作为一个纯几何图形，用于设计吧台的照明，于是我们看到一个线条简单的艺术品，总高度约为3个模块（120厘米），球体直径为半个模块（20厘米），彼此之间的距离为两个模块（80厘米）。街灯的金色在亚洲文化中也很常见，是这家咖啡店所有细节的首选颜色，如踢脚板、铁器、灯具等。

总体空间布局取决于一体式的吧台及其周围的若干区域（以地面条带划分）。每个区域相当于4个模块（160厘米）宽的条状地带。可以想象一下，把这些条状地带以直角折叠起来，就会形成模拟广场设施的这些长椅和花坛。每一条都反映了空间的不同功能和用途。

总共有8个条状地带，垂直于咖啡店的主轴。每两条之间以一排白色的圆形石头隔开。这种条状设计能实现不同的功能，也延续了模块化的设计。中间的白色石头，每一条都是4米长的线性排水沟，相互连接，旨在保证地面的良好排水和清洁。圆形白色石头直观地将空间与亚洲文化联系在一

起，但同时，由于材质上的变化，也打断了行走的节奏，减慢了常规行走的速度，使我们能更好地观察和思考周围的环境。

中央的雕塑是艺术家保罗·森德（Paul Sende）的作品。设计师将空间打开，营造一种跨界的效果，传递出一种各学科、各领域的知识相互融合与分享的理念，呈现了不同的艺术分支如何在同一空间中和谐共存，丰富空间。

雕塑由 12 个串联的 1/4 圆形模块组成。这些圆形部件的直径刚好与地面的条状地带一致，与咖啡店建立了一种几何上的联系。曲线造型的雕塑因其形态构成而引人注目，与周围室内空间刚硬的直角形成对比，但同时，它又与周围的整体环境保持着几何关系。

雕塑的所有模块经过仔细设计，彼此连接，构成一个可调功率的静态照明装置，再加上总共 6 种不同的照明程序，从而能够产生非常吸引人的动感灯光。比如说，灯效有时能够重现云层在太阳下飘过的效果，恍惚中将我们带到户外环境中。

"这是 Elle 咖啡店在中国的第二家分店，我们在倒 T 形的平面之上，
为这个大型商场中的咖啡店营造了一种如在法国街道边休闲用餐的空间
体验。"

Elle 咖啡店

项目地点：
中国北京金融街购物中心

设计年份：
2019 年

设计机构：
AIO 设计公司

设计团队：
关穗棋、孙运萱、解传宝、于思琪

摄影版权：
Wen 工作室

当下的商业中心，其人行流线均经过精心考量，引导着人
们的通行方向。在人行道的两旁，各种平面广告或开敞的
店铺门面鳞次栉比，每一个都张扬而热切地争奇斗艳，以
捕获过往行人的注意力及诱导消费欲。

最新的 Elle 咖啡店设计旨在向"生活艺术（Art de Vivre）"致敬，并以古典建筑的构造元素塑造跨时空感。当行人从咖啡店的西边走近时，窄长的侧翼开放着一角，示意着前方这个展示艺术和用餐的空间。馆内的闲适和走道上的熙攘平行相隔，因此设计师沿着咖啡店和商场间的边界，设计了 4 米高的白色铝制屏风。屏风跨越着其特长的门面，以抽象、二维化的方式处理雅典多立克柱式的形态，犹如卢浮宫东面上的长柱廊一般，气派而富有节奏。

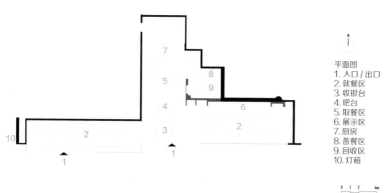

平面图
1. 入口 / 出口
2. 就餐区
3. 收银台
4. 吧台
5. 取餐区
6. 展示区
7. 厨房
8. 备餐区
9. 回收区
10. 灯箱

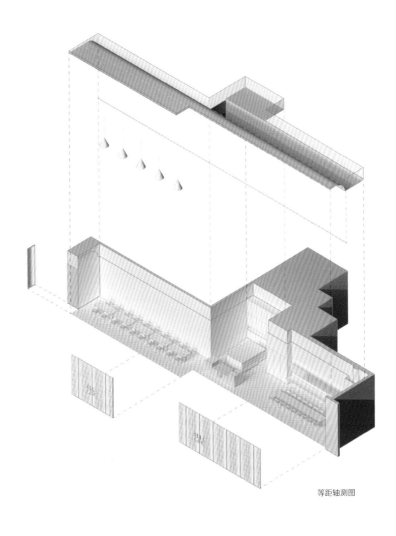

等距轴测图

空间内部以经典的元素、极简的方式点缀着。桌脚和吧台同样依照雅典式柱身
定制，以橡木制作，为咖啡店植入大自然的气息。地面上方形的亚光水磨石，
以经典的法式菱形铺盖方式，明暗相间。同样形式也运用在天花板的镜面铺排
上，彰显着品牌的高贵与清雅。

设计师从多维度置入立体的韵律感，以新颖的方式引用着旧时的元素。镜面反
射的一瞥，轻拂屏风的指尖，其间实与虚、平与深、社会景象的对比，都为馆
内的聚朋会友和馆外的行人营造着丰富的体验。

两翼相傍的中央展示区

全长的半拱顶通过精心丈量确定位置，作为连接空间的主要轴线。拱脚处设有磁性轨道灯系统。在较窄的西翼，沿轴线嵌入的洗墙灯带使画廊似的空间显得更加宽敞。而在东翼的轴线上，安装着聚光灯以聚焦于展品展示上。

连接东西两个窄长空间的是中间用于接待和餐饮制作的交点。接待吧台的后方设计有一个大型的拉丝钢面岛台，像舞台般，让各方皆可观赏在此为佳肴美饮最后点缀的过程。这个中心以黄铜的背景墙衬托，墙上开出的缝隙由磨砂玻璃覆盖，展示着更深处中央厨房的繁忙节奏。

家具的选择上，设计师遵循着空间简约大气的风格。超大的圆锥形吊灯均匀地悬挂于拱顶和洞石台面之间。而与桌子搭配的，是妩媚的酒红色织网贝蒂椅（Betty Chairs），以映射品牌专注女性生活方式的定位。

东边的墙上挂有倾斜的镜子，进一步反射着咖啡店中聚餐的客人和布置于厅内的各色文创设计精品。咖啡店平衡着经典和现代的元素，透过屏风的间隙，长卷般地闪现着店内宾朋满座、馆外人流穿梭的社会情景。

"通过简单开放的空间环境探索服装零售空间与咖啡店功能有效融合的新方式，致力于营造舒适的购物与休闲体验。这是一个新的理念，是为顾客提供美好体验的全新尝试。"

135m²

播体验空间咖啡店

项目地点：
中国上海市松江区茸阳路 98 号

设计年份：
2020 年

设计机构：
艾舍尔设计

设计团队：
王志峰（主创）、范进、刘超

摄影版权：
是然建筑摄影

本项目是一个女装品牌体验店的咖啡区，位于一幢三层清水混凝土建筑一楼的一角，透过落地窗能看到外面一片墨西哥鼠尾草和香茅正在肆意生长。

设计的初衷是不做太多的装饰，新的设计元素与原建筑之间有机的共生，保留了原建筑清水混凝土的质感及结构，并没有做太多的改动和添加，新做的地面用了一种类似水泥砂浆质感的水磨石，使地面与原来建筑的混凝土颜色接近。整体以灰色、金属色、浅木色为基调，设计师希望创造一个简单开放的空间、内外融合的环境和享受咖啡的舒适场所。

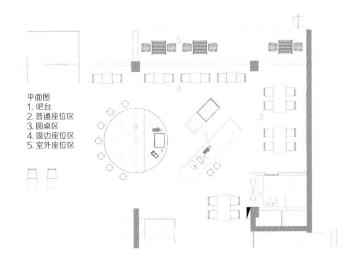

平面图
1. 吧台
2. 普通座位区
3. 圆桌区
4. 窗边座位区
5. 室外座位区

一个直径接近 4 米的大圆桌位于咖啡区域的中心，喝咖啡的人们围合而坐，相见而欢。斜放的操作台和圆桌形成的操作区域，既独立又开放，咖啡师在操作时与顾客能够很方便地互动。

大圆桌上方环形软屏滚动播放的手绘插画，远端墙上挂的艺术家画作，给整个空间增添了一份动感及色彩。

"将精品咖啡行业在经营和体验层面进行细分，并且通过完整的设计逻辑
进行直接表达，是快节奏商业空间设计领域一个非常值得探讨的话题。"

理想之蓝咖啡

项目地点：

中国山东省青岛市城阳区春城路 177 号

设计年份：

2021 年

设计机构：

青岛开尺设计事务所

摄影版权：

DEERISLAND_W 摄影

作为空间设计，在解决用户提出的基础布局之外，设计团队更要为自己提出设问，即在此基础上延展出新的未发现的主旨性的需求，以此空间为例，如何让只有两名经营者且经营者都在吧台内的前提下完全照顾到店内每个角落，将成为本空间最重要的延展性课题。即在不同的空间中规范一个平行视野范围，引导不同功能空间中的人的互动行为逻辑。

立面图

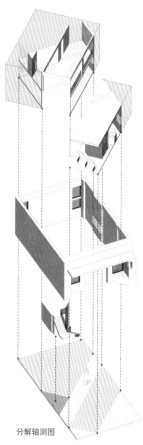

分解轴测图

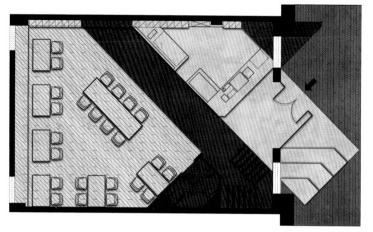

作为一个快节奏的精品咖啡空间，明确的体块关系和鲜明的色彩对比，是本案运用两个主要的设计手法。明确的体块关系来自布局的推导，然后设计团队将故事性与"普通人"一眼能记住的流量属性交给了色彩对比。

不可否认，经营者是咖啡空间中非常重要的角色，设计团队这样描述3位年轻且优秀的创业合伙人——"混凝土"代表稳重、"克莱因蓝"代表活泼、"原木色"代表品位不俗。在新时代，在现在的商业大环境下，流量为主。

IP与故事性的推导是作为设计从业者不可或缺的重要技能。

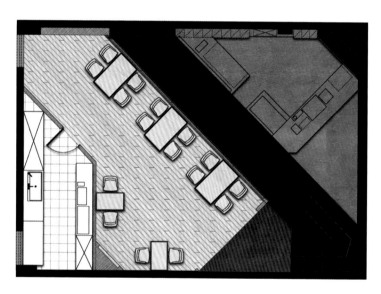

一层平面图和二层平面图
1. 吧台
2. 长桌区
3. 座位区

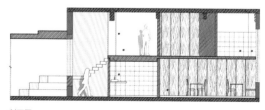

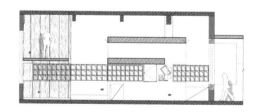

剖面图

主要设计机构（设计师）列表

A

艾舍尔设计
AIO 设计工作室
AKZ 建筑事务所
ATMOROUND 设计工作室

B

彼山设计

D

D1 建筑设计工作室
D&C 设计公司
独荷设计

H

杭州喜叻空间研究
何晓雨

K

开物设计

L

LAND 设计工作室

M

MAS 芒果建筑设计
Mur Mur Lab 工作室

P

PRAVDA 设计工作室

Q

青岛开尺设计事务所
QUADRUM 设计工作室

S

深点设计

T

TM 设计工作室

W

王少榕
韦克建筑事务所

Y

一岸建筑
YOD 集团

Z

祝佳雷

图书在版编目（CIP）数据

小空间设计系列．Ⅲ．咖啡店 / 陈兰编．— 沈阳：
辽宁科学技术出版社，2022.9
ISBN 978-7-5591-2441-8

Ⅰ．①小… Ⅱ．①陈… Ⅲ．①咖啡馆－室内装饰设
计－图集 Ⅳ．① TU238.2-64 ② TU247.3-64

中国版本图书馆 CIP 数据核字（2022）第 033465 号

出版发行：辽宁科学技术出版社
　　　　　（地址：沈阳市和平区十一纬路 25 号　邮编：110003）
印　刷　者：辽宁新华印务有限公司
经　销　者：各地新华书店
幅面尺寸：170mm×240mm
印　　张：12.5
插　　页：4
字　　数：230 千字
出版时间：2022 年 9 月第 1 版
印刷时间：2022 年 9 月第 1 次印刷
责任编辑：鄢　格
封面设计：何　萍
版式设计：何　萍
责任校对：韩欣桐

书　　号：ISBN 978-7-5591-2441-8
定　　价：98.00 元

编辑电话：024-23280367
邮购热线：024-23284502
E-mail：1207014086@qq.com
http://www.lnkj.com.cn